“画里有话”动物疫病防控科普知识讲堂

炭疽防控科普知识

农业农村部畜牧兽医局
中国动物卫生与流行病学中心

中国农业出版社
北　京

消除炭疽，兽医在行动

本书编写人员

主　　编　张　昱　张秀娟

副 主 编　康京丽　魏　荣

编　　者　（按姓氏笔画排序）

王　琦　方立群　匡　政　朱　琳　刘　玮

李　阳　吴发兴　宋亚军　宋建德　张　昱

张永强　张秀娟　林湛椰　赵肖璟　南文龙

高向向　康京丽　潘海澄　魏　荣　魏建春

主　　审　王功民　刘德萍　郑增忍

副 主 审　颜起斌　郑雪光

出品单位　农业农村部畜牧兽医局

中国动物卫生与流行病学中心

综述

炭疽是由炭疽芽孢杆菌（以下简称“炭疽杆菌”）引起的一种烈性动物传染病，也是一种全球流行的人畜共患病。

历史上，炭疽曾给多个国家的人和动物群体造成过灾难，上万人因患炭疽丧生，数百万牲畜因炭疽而死亡。

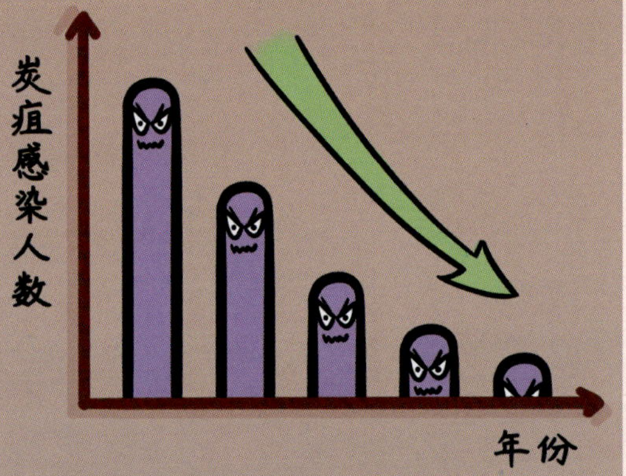

全球炭疽发生率逐年降低

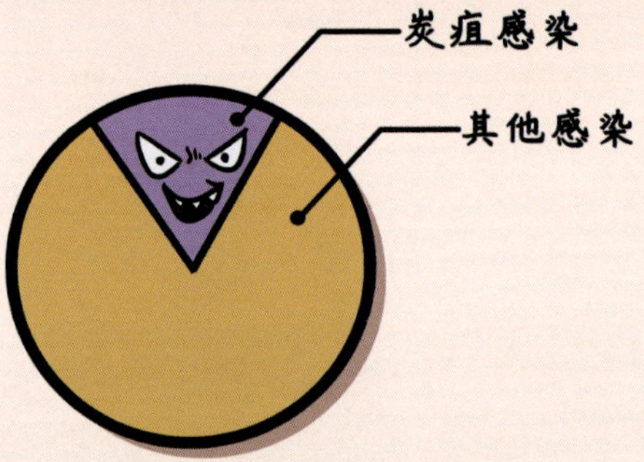

发展中国家炭疽感染人数占比

目前，全球因炭疽引发的疫情已日渐减少，但在发展中国家炭疽仍是一种危害性很强的人畜共患传染病。

病原特性

我们是——“炭疽杆菌”！！

炭疽的病原体为炭疽杆菌，它分为繁殖体和芽孢两种存活形式。

繁殖体 生存大挑战

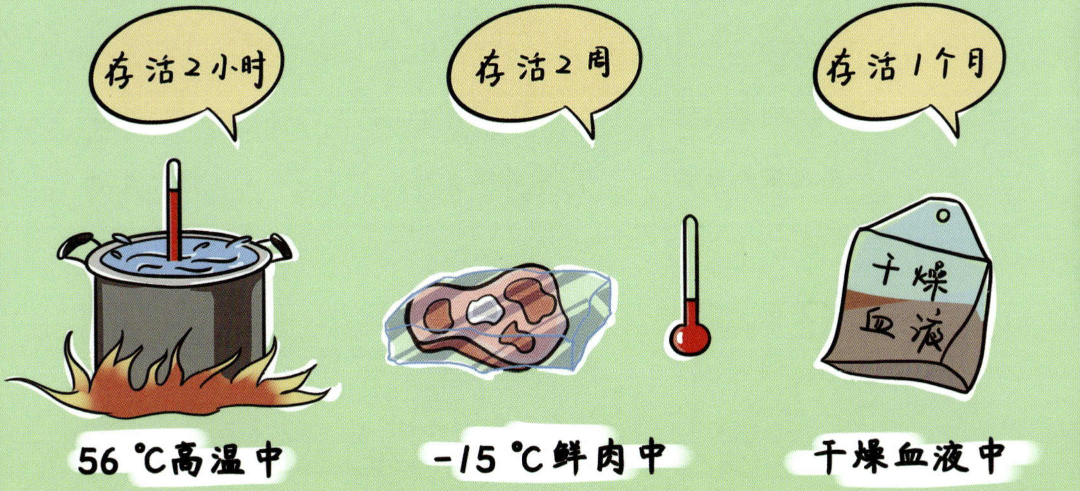

炭疽杆菌的繁殖体抵抗力不是很强。

芽孢生存大挑战

炭疽杆菌的芽孢抵抗力特别强。

研究发现：20%漂白粉、0.5%过氧乙酸、2%～4%甲醛、2%碱性戊二醛、5%碘酊、4%高锰酸钾、1.356毫克/升环氧乙烷化学消毒剂可以杀灭炭疽杆菌。

易感人/畜

草食动物对炭疽芽孢（杆菌）高度易感。炭疽芽孢能在环境中长期存活，大多数情况下，牛、马、羊等草食动物在吃草时因摄入芽孢引起感染。

人对炭疽中度易感，感染人群大多是农牧民、屠宰人员、兽医，以及从事动物毛皮等动物产品加工的人员等。

传染源

主要传染源

炭疽杆菌可通过患病动物的血液、粪尿排泄物、乳汁，以及病死动物的内脏、骨骼直接感染人类或污染环境。

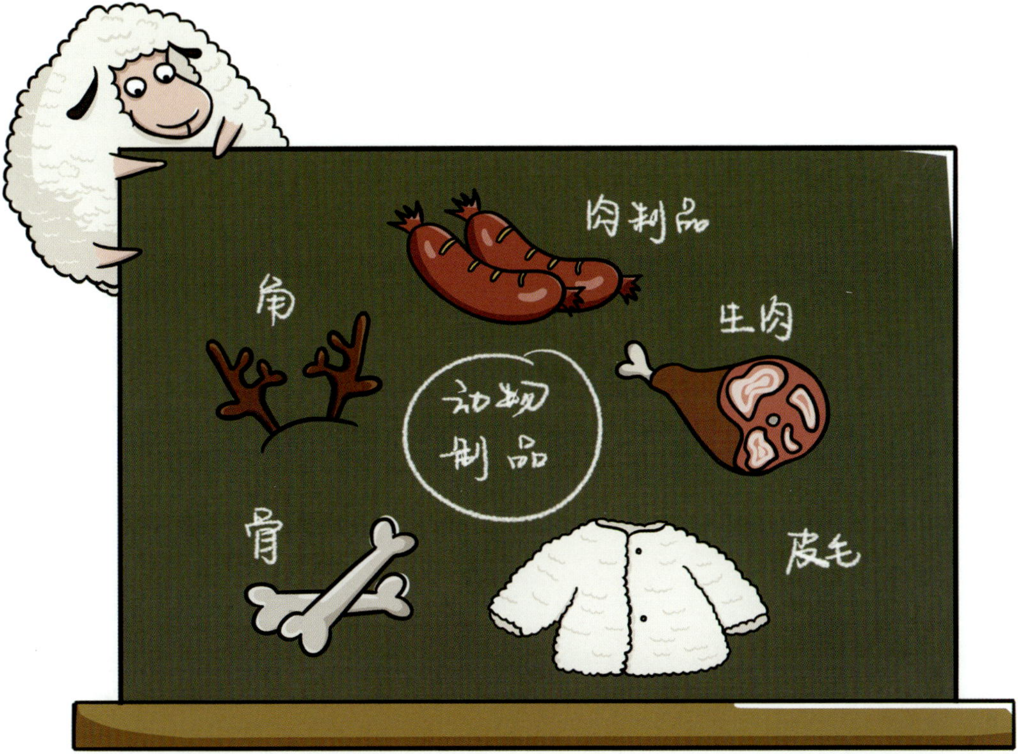

被炭疽杆菌污染的动物皮毛、骨、角等动物制品也是重要的传染源。

传播途径

破损皮肤接触　　口腔食入　　呼吸道吸入

人和动物感染炭疽，主要有经破损皮肤接触、经口腔食入、经呼吸道吸入3种传播途径。

苍蝇、蚊子可通过携带方式传播炭疽杆菌，蚯蚓也可通过将土壤中的芽孢翻上地面的方式进行传播。

临床症状

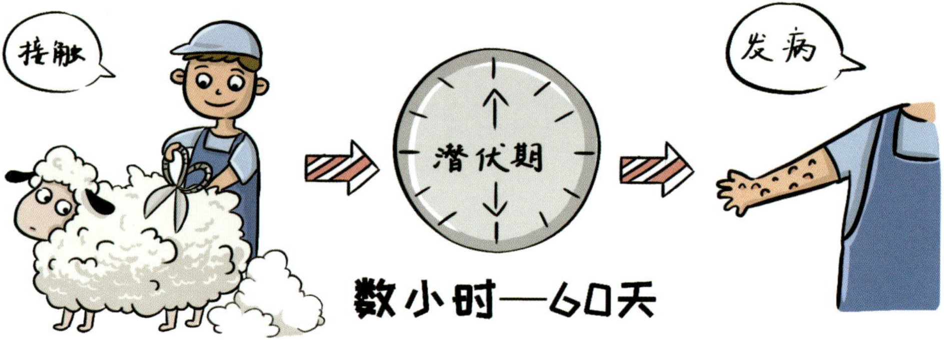

皮肤炭疽临床症状

人感染炭疽，以皮肤炭疽最为常见，约占95%以上。也会发生肺炭疽、肠炭疽、败血症型炭疽及炭疽脑膜炎。

败血症型临床症状

肺炭疽临床症状

肠炭疽临床症状

炭疽脑膜炎临床症状

我们被感染后……

急性：24～36小时后死亡；亚急性：2～5天后死亡

草食动物一般对炭疽芽孢杆菌高度易感。

其他动物被感染后症状不是特别明显。

防控措施

提醒畜禽养殖厂（户）

炭疽防控措施主要包括严格消毒、日常防护、传染源的隔离控制，职业暴露人群预防性接种疫苗、暴露后预防性给药等。

引进动物要经官方兽医检疫，落地隔离观察，无异常情况再混群饲养。

家畜突然死亡或者出现炭疽临床症状，要将病死或发病动物隔离、限制移动，并立即上报畜牧兽医部门。

一旦确诊为炭疽疫情，要严格按照《炭疽防治技术规范》要求，配合有关部门做好疫情处置工作。

严格执行不宰杀、不食用、不出售、不转运病死动物及其产品。

以下行业从业人员请注意！！！
加工皮革业
皮毛加工业
畜屠宰行业
畜牧养殖业
防疫工作者
饲料

工作时要穿戴好工作服，戴好口罩、手套，工作后要洗手，有皮肤破损时应立即涂抹2%～5%的碘酒。

不要接触、翻动死亡野生动物。

发生炭疽疫情后，被炭疽感染的动物尸体及被污染的粪肥、垫草、废饲料等须焚烧，不易焚烧的物品可采用高压灭菌、消毒剂杀菌。

受到生物攻击时或与炭疽杆菌有密切接触史的人群可以进行预防性给药。

图书在版编目（CIP）数据

炭疽防控科普知识/农业农村部畜牧兽医局，中国动物卫生与流行病学中心编．—北京：中国农业出版社，2021.7

（“画里有话”动物疫病防控科普知识讲堂）

ISBN 978-7-109-28917-8

Ⅰ.①炭…　Ⅱ.①农…②中…　Ⅲ.①炭疽杆菌-动物细菌病-防治　Ⅳ.①S855.1

中国版本图书馆CIP数据核字（2021）第223599号

TANJU FANGKONG KEPU ZHISHI

中国农业出版社出版

地址：北京市朝阳区麦子店街18号楼

邮编：100125

责任编辑：张艳晶　　责任校对：吴丽婷

印刷：北京缤索印刷有限公司

版次：2021年7月第1版

印次：2021年7月北京第1次印刷

发行：新华书店北京发行所

开本：710mm×1000mm　1/24　　印张：$1\frac{2}{3}$

字数：50千字

定价：10.00元